AF454225

LA
PHYSIOLOGIE VÉGÉTALE

Devoit-elle être exclue du Concours pour le Prix fondé
par M. DE MONTHION ?

QUESTION

PROPOSÉE PAR AUBERT DU PETIT-THOUARS,

A ses Collègues de l'Académie Royale des Sciences,

*Pour servir de Préambule au Mémoire qu'il a lu dans la
séance du 3 juin dernier.*

LA
PHYSIOLOGIE VÉGÉTALE

Devoit-elle être exclue du Concours pour le Prix fondé
par M. DE MONTHION ?

QUESTION

PROPOSÉE PAR AUBERT DU PETIT-THOUARS,

A ses Collègues de l'Académie Royale des Sciences,

*Pour servir de Préambule au Mémoire qu'il a lu dans la
séance du 3 juin dernier.*

~~~~~~~~~~~~

Il semble, Messieurs, qu'il soit décidé que le Prix de
Physiologie, fondé par M. de Monthion, ne doive plus
regarder que le Règne Animal, car dans l'Analyse des
Travaux de Physique de cette année, on trouve cette
Phrase, au sujet d'un Mémoire de M. du Trochet :
« L'Académie a dû regretter que ce Prix fût restreint,
» dès cette année, à la Physiologie Animale. »

Si ce point est arrêté, je crois à propos de voir ce qu'il
est résulté de l'admission de la Physiologie Végétale, pendant deux ans, à ce concours. Je vais raconter fidèlement
ce qui s'est passé sur ce Sujet. Je commence par présenter
une Réclamation que je crus devoir faire en Novembre 1820.

« Depuis quinze ans je cherche à mettre en Circulation
les Découvertes que je crois avoir faites sur la Végétation ; mais je reste toujours dans la solitude. L'année
dernière, 1819, je crus avoir trouvé le Moyen de fixer
~~~~~~~~~~~~

couvert quelques vérités, mais la plupart connues depuis longtemps, et peut-être un plus grand nombre d'erreurs des plus évidentes, du moins pour moi. Quant au reste, je n'ai su de quel côté le ranger, attendu que je ne le comprenois pas ; mais la marche de l'auteur étoit si différente de la mienne, qu'il étoit assez difficile de démêler quels étoient les Points de contact que nous pouvions avoir ensemble, soit comme assentiment, soit comme dissidence.

Cependant je désirois vivement de lire le Mémoire en entier. Il devoit paroître promptement, disoit-on. Dix mois se sont écoulés dans cette attente. Enfin j'apprends qu'il paroît dans les *Mémoires du Musée* ; mais c'est en vain que pendant deux mois je cherche à me les procurer, tous ceux à qui je me suis adressé ne les avoient plus à leur disposition.

Ce n'est donc qu'après ce long délai que j'ai pu satisfaire ma curiosité ; c'est en allant chercher moi-même, dans les Bureaux du Ministère de l'Intérieur, l'exemplaire du cahier des *Mémoires du Musée*, qu'on fournit à la Bibliothèque de l'Institut. J'ai reconnu d'abord que l'Extrait publié dans le *Compte rendu des Travaux de l'Académie* étoit aussi exact que possible, et qu'ainsi l'obscurité que j'y avois remarquée appartenoit à l'Ouvrage même ; mais ce dont je ne me doutois nullement, c'est que j'y étois attaqué de la manière la plus directe et la plus positive, et qu'ainsi ce n'étoit pas le vague d'une Théorie qui se trouvoit indirectement opposée à la mienne, mais bien de prétendus Faits annoncés nominativement, comme détruisant tout l'édifice que j'avois élevé. Voici les propres expressions de l'auteur :

» La formation des Bourrelets reproducteurs à la partie
» supérieure de la décortication annulaire est un des prin-
» cipaux faits sur lesquels s'appuie M. du Petit-Thouars
» pour établir son opinion d'une descente de fibres entre
» le Bois et l'Écorce.

» Il pense que ce sont des fibres descendantes qui, en se
» prolongeant par leur extrémité inférieure, tendent à rem-
» plir le vide opéré par l'enlèvement de l'anneau d'Écorce.

» Mais l'observation infirme cette Théorie : les Bourrelets
» reproducteurs dont il est ici question, ne sont point formés
» par des fibres longitudinales et parallèles à l'axe de la Tige,
» mais bien par des fibres transversales et perpendiculaires
» au même axe.

» J'ai observé un Bourrelet de trois ans, dont j'avois solli-
» cité la formation par la décortication d'une Branche de
» Pommier (*pyrus malus*). Pendant les trois années que ce
» Bourrelet s'est développé, sans atteindre le bord inférieur
» de la Décortication annulaire, il a crû en diamètre par
» la formation de trois couches successives d'aubier, et ces
» trois couches d'aubier se sont trouvées également com-
» posées de fibres perpendiculaires à l'axe de la Branche.
» Ce singulier phénomène, quelle qu'en soit la cause, prouve
» deux choses : 1° Que le vide opéré par la décortication
» n'est point rempli par des fibres qui se prolongent en
» descendant, mais bien par des fibres transversales jointes
» latéralement les unes aux autres, et dont la production
» successive a lieu du haut vers le bas ;

» 2° Que les couches d'Aubier ne sont point formées par
» des fibres descendantes, puisque sur le Bourrelet repro-
» ducteur, et même un peu au-dessus, ces couches sont ex-

» clusivement composées de fibres perpendiculaires à l'axe
» de la tige.

» Ces faits prouvent donc directement que la produc-
» tion de l'aubier ne s'opère point par des fibres descen-
» dantes. J'ai déjà prouvé, d'une manière indirecte, que
» cette descente de fibres n'existe pas, par les faits que j'ai
» rapportés plus haut, faits qui prouvent que le système
» central (le ligneux) et le système cortical s'accroissent
» en diamètre par un développement ou une extension la-
» térale de leur tissu.

» Il s'élève, d'ailleurs, contre le système de M. du Petit-
» Thouars, des objections véritablement insolubles. Si
» l'accroissement des arbres, en diamètre, étoit pro-
» duit, comme il le pense, par des fibres descendantes
» émanées des Bourgeons, le tronc formeroit un cy-
» lindre partout égal en grosseur, et son Bois seroit par-
» tout homogène ; or, il n'est personne qui n'ait observé
» ce qui arrive aux arbres greffés.

» Enfin la Théorie de M. du Petit-Thouars échoue com-
» plétement devant l'observation des tiges en largeur. »

(M. du Trochet, adoptant quelques-uns des faits que
j'ai exposés dans un Mémoire sur l'accroissement en diamètre de l'*Helianthus annuus*, essaie de les tourner contre
ma propre doctrine ; mais il me paroît qu'il ne les a pas
compris, il finit en disant) :

« Il n'a point vu que la cause de ce phénomène réside
» essentiellement dans l'accroissement de la tige en largeur ;
» accroissement d'ailleurs trop contraire au principe de sa
» Théorie, pour qu'il pût en apercevoir l'existence. »

De ce paragraphe, et de ce que j'ai pu saisir dans une
lecture rapide, il paroît que M. du Trochet ne fait autre

chose que de reproduire l'idée de Darwin, savoir, que ce sont les fibres anciennes, tant corticales que ligneuses, qui reproduisent directement les nouvelles. D'autres, avant lui, ont cherché à la faire prévaloir, et j'ai vu dans plus d'une occasion qu'on me l'opposoit, mais d'une manière oblique. Je me suis empressé d'y répondre, ainsi qu'à toutes les autres attaques, car M. du Trochet ne fait que répéter les objections qu'on m'a faites à plusieurs reprises ; mais, comme la plupart d'entr'eux, il se garde bien de prendre en considération mes réponses. Il n'y a donc qu'un seul point qui lui appartienne, ce sont les fibres perpen-diculaires du Bourrelet. J'avoue que, n'en concevant pas la possibilité, je dis avec Horace :

Quodcumque ostendis mihi, sic incredulus odi.

c'est-à-dire franchement qu'avant d'y croire je voudrois le voir. Je ne sais pas si MM. les Commissaires l'ont vu: si cela est, ils auroient dû l'exprimer dans leur Jugement, et faire déposer une pièce aussi importante en un lieu public, comme le Musée; mais je crains bien que ce ne soit l'Histoire de *la Dent d'Or.*

Supposons maintenant que lorsque ce Mémoire est par-venu à l'Académie, je n'eusse pas eu l'honneur d'y siéger, la Commission auroit peut-être pu l'examiner et le juger sans s'embarrasser si c'étoit pour ou contre ma doctrine. Mais n'auroit-il pas été plus avantageux pour la science, qu'on eût profité de l'occasion pour examiner à fond le-quel de nous deux avoit raison. Mais si on ne l'eût pas fait, il me restoit toujours le droit de réclamer devant le public, lorsque ce Mémoire lui eût été présenté par l'impression ; de me défendre franchement sur ce quart où je me trouvois attaqué, et d'établir ensuite la priorité sur le reste, où nous accordions. Mais alors, supposé que pour l'un et l'autre cas j'eusse bien démontré la justesse de mes réclamations, que seroit-il resté pour motiver l'honneur qu'on a fait à ce Mémoire? On ne l'auroit donc couronné que pour me l'immoler?

Si au lieu de cela on m'eût prévenu de cette attaque, mieux encore, qu'on eût engagé M. du Trochet à me la communiquer franchement, et qu'il m'eût mis dans le cas de lui transmettre mes réponses, et que je lui eusse accordé la réplique, attendu que par mes écrits précédens j'avois eu le premier la parole; qu'alors, ces pièces arrêtées entre nous eussent été présentées de concert à l'Académie, je le demande, quelle sensation agréable cet accord n'eût-il pas produite? Par cela il s'ensuivoit que la Commission, prise dans son sein, devenoit un Tribunal auguste, capable de rendre un service important à la Science, en fixant par sa sentence des points importans, et il en seroit résulté une *Chose jugée*, contre laquelle les deux contendans n'auroient pas eu le droit de réclamer. Ils se seroient donc retirés honorablement de cette lutte. Certes on n'eût pas agité dans cette occasion la question de savoir si le Prix fondé par M. De Momhion appartenoit exclusivement à la Physiologie *animale*; on eût cru suivre ses nobles intentions en partageant son Prix entre les deux rivaux; car si l'on eût récompensé dans l'un la vérité de ses observations, on eût couronné dans l'autre l'exemple plus rare d'une soumission modeste à une autorité reconnue.

Devenu depuis membre de l'Académie, je n'ai point été nommé juge de ce Mémoire; mais ne l'étois-je

pas de droit ? Le simple bon sens devoit m'indiquer que
tout Mémoire pour un Concours, étant envoyé à l'Académie collectivement, chacun des individus qui compo-
sent ce corps a le droit d'en être le juge : si, pour faciliter le
jugement, il délègue ses pouvoirs à une Commission , il
ne perd aucun de ses droits particuliers. Mais je n'avois
point fait cette réflexion , lorsqu'on me la suggéra , en
me disant que j'avois été le maître de lire le Mémoire
pendant tout le temps qu'il avoit été déposé au Secréta-
riat. Si je l'eusse fait , et qu'alors appuyant ma réclamation sur l'attaque directe que je viens de citer, pouvoit-
on passer outre sans y faire droit ? autrement on recon-
noissoit que la Commission devenoit un Tribunal qui devoit prononcer entre M. du Trochet et moi ; mais avant
d'y procéder , ou devoit savoir si je reconnoissois ce Tribunal comme compétent ; et quand je l'aurois agréé , la
convenance ne demandoit-elle pas que chacun des Membres le récusât lui-même ? Alors il n'y eût point eu de
jugement.

Ce seroit donc parce que je me fondois sur une simple
attaque vague et indirecte, qu'on a repoussé ma demande ?
Mais cela ne suffisoit-il pas pour l'autoriser ? en outre ,
n'étoit-il pas constant que la Commission savoit très-bien
que l'attaque étoit directe ? Je le demande encore : com-
ment se fait-il qu'elle en ait fait un mystère que je n'ai
découvert qu'au bout d'un an ? c'est donc une sorte de
mystification dont j'ai été l'objet ?

Enfin je pouvois être moi-même de la Commission ;
mais alors M. du Trochet n'auroit-il pas pu me récuser ?
D'après la manière dont tout cela s'est passé, il y a apparence qu'on eût appuyé cette demande , s'il l'eût faite ;

ment de leurs semblables, ceux qui s'occupent de la Physiologie Végétale peuvent avoir la plus grande influence sur la prospérité de l'Agriculture.

D'un autre côté, il faut songer à l'avenir. Que vont devenir ces Prix devenus somptueux à l'excès ? Que l'on voie celui plus modeste, fondé par Lalande : d'année en année on devient de plus en plus embarrassé pour le décerner. Pour celui de Statistique, quand nous aurons obtenu un bon cadre, et qu'il aura été rempli pour deux ou trois Provinces ou Départemens, nous n'aurons plus à couronner que de simples copistes.

Quant à la Physiologie, il se trouve donc naturellement deux Branches très-importantes à exploiter. Quand on ne le voudroit pas, on seroit nécessairement conduit à s'occuper des Végétaux, ne seroit-ce que pour encourager des tentatives qui déterminent avec précision les limites des deux Règnes. Maintenant que le prix est peut-être décuplé, ne pourroit-on pas proposer des sujets spéciaux, par exemple, de définir ce mot même de Physiologie, ou de présenter un Tableau exact qui rende compte de l'état où sont parvenues l'une et l'autre Branche ?

Il me semble donc qu'il eût été avantageux pour le progrès général des Sciences, que les deux Physiologies concourussent au même Prix.

Ainsi donc l'apparition du Mémoire de M. du Trochet est le seul profit que la Physiologie végétale ait retiré de deux années d'admission au concours du prix fondé par M. de Monthion. Moi seul j'aurois le droit de me plaindre de cette admission ; mais loin de là, je m'en félicite beaucoup, parce qu'elle a mis au grand jour des opinions contraires aux miennes, qu'on ne propageoit que sourdement. Saus cela, M. du Trochet se seroit contenté peut-être de lire son Mémoire dans une séance particulière de l'Académie. Je me serois cru obligé de répondre à une attaque aussi crue que celle qu'il a dirigée contre moi ; mais l'attaque et la défense n'auroient pas tardé à se plonger dans le Léthé. Au lieu que maintenant l'une et l'autre doivent prendre des circonstances une gravité telle, qu'elle forcera les plus indifférens à prendre connoissance des points contestés, et que, par la force des choses, il en résultera un jugement, et ce sera un avantage pour la science.

Mais ne devroit-il pas suivre de là, que ce ne seroit plus un simple particulier que j'aurois pour adversaire, mais une Commission, puisqu'elle semble avoir adopté toutes les idées qu'elle a couronnées ? Cependant on sait qu'en général, dans ces occasions, un seul membre décide la discussion ; mais on ne peut que s'en douter. Dans cette occasion la chose est plus claire, et je peux, sans indiscrétion, isoler M. Desfontaines, car il m'a déclaré positivement qu'il maintenoit toutes les idées que M. du Trochet avoit opposées aux miennes. Je pouvois bien le soupçonner, parce que je les trouvois assez d'accord avec ce que ce savant Professeur m'avoit dit dans plusieurs occasions. Cependant j'avouerai que je croyois que quoique nous eussions encore quelques points de dissidence entre nous, nous étions près de nous accorder sur l'ensemble ; mais j'ai reconnu que je m'étois fortement trompé, lorsque je l'ai entendu, prenant le ton le plus affectueux, pour me conseiller charitablement de renoncer entièrement à mes prétendus principes de physiologie végétale, attendu que la poursuite opiniâtre de pareilles chimères ne pouvoit que me faire beaucoup de tort.

C'étoit précisément du même ton que, quinze ans auparavant, il me citoit, en passant le pont des Arts, la Greffe comme une preuve manifeste de la fausseté des principes que je venois de chercher à établir dans un Mémoire dont je venois de lire à peine le commencement. Nous nous séparâmes au bout du pont, avant que je n'eusse pu lui répondre, et il est certain que quand nous eussions continué de cheminer ensemble, je n'aurois pas été en état de résoudre cette difficulté, attendu qu'elle ne s'étoit pas encore présentée à mon esprit; mais il ne me fallut que quelques instans de réflexion pour en trouver une solution complète, et elle se trouvoit dans la fin même du Mémoire, que je ne devois terminer que la séance suivante.

Mais supposé que cette réponse me fût survenue avant que je n'eusse quitté M. Desfontaines, l'auroit-il écoutée, ou bien ne l'auroit-il pas repoussée, en me disant qu'il n'aimoit pas les discussions? Il est certain que c'est de cette manière qu'il a toujours rompu tous les efforts que j'ai faits pour éclairer le plus tranquillement possible les discussions de Physiologie végétale qui s'élevoient entre nous. Mais, dans le fait, n'est-ce pas celui qui présente une objection, qui entame la discussion? car la réplique, au moins, doit s'ensuivre de droit.

C'est sûrement par suite de cette aversion pour la discussion, que M. Desfontaines a retardé le plus qu'il a pu l'examen de ceux de mes Mémoires qui lui étoient soumis. Cependant je n'ai qu'à me louer du petit nombre de Rapports que j'ai obtenus, et auxquels il a pris part. C'est par eux seulement que j'ai pu connoître évidemment les points

(15)

où nous sommes d'accord, tandis que je ne peux que soupçonner ceux où nous différons. Ainsi, par exemple, lorsqu'il approuva avec M. de Jussieu le Rapport fait le 30
juin 1810 par M. de la Billardière, il convenoit avec lui que
j'avois eu raison de soutenir que la Moelle, une fois formée,
ne pouvoit diminuer en diamètre, quelque accroissement
que prît la Plante. Ensuite, Rapporteur lui-même, il re-
connut avec MM. de Jussieu et Thouin, le 15 mars 1815,
que j'avois encore raison en soutenant que le Liber ne pouvoit se changer en Aubier. Il est certain que ces deux Rapports étoient une preuve éclatante d'impartialité, car on
me donnait gain de cause contre des membres même de
la société ; sur M. de Mirbel entr'autres, et celui-ci a fini
par reconnoître la vérité de ces deux assertions.

Voilà donc deux points très-importans sur lesquels je
me trouve pleinement d'accord avec M. Desfontaines, et
je crois que, pour tout esprit dégagé de prévention, ils sont
tellement liés par la nature, qu'ils suffisent pour prouver
toute ma doctrine physiologique. Cependant je reconnus
dans le second rapport, par quelques expressions jetées çà
et là, que M. Desfontaines n'étoit pas de cet avis; mais
pour le moment je ne fis attention qu'à la manière positive dont la Question principale étoit résolue par ces termes:

« D'où provient cette couche (la nouvelle) d'Aubier ?
» Est-ce, comme quelques auteurs l'ont pensé, du Li-
» ber ? M. Aubert du Petit-Thouars ne le croit pas (il y
» a mieux que cela, c'est que je crois avoir démontré l'ab-
» surdité de cette opinion), *et nous sommes de son avis,*
» parce qu'à l'époque où la couche se forme, le Liber n'a
» aucune adhérence avec le Bois.» (Voilà donc ce que je
demandois qui m'est accordé, et ce qui suit est une

autre question dont je ne demandois pas encore la solution.) « Duhamel a prouvé, par un grand nombre d'ex-
» périences, que l'Ecorce pouvoit produire du Bois, et que
» le Bois, dénué de son Ecorce, et abrité du soleil et du
» contact de l'air, pouvoit également produire de l'Ecorce
» et du Bois. D'après ces faits, qui sont incontestables, nous
» sommes portés à croire que les couches corticales et li-
» gneuses sont produites par le *Cambium*, substance
» organique, qui se moule sans doute sur les Fibres cor-
» ticales et ligneuses, et qui en produit de semblables aux
» anciennes.

» M. du Petit-Thouars, dans le Mémoire dont nous
» rendons compte, *revient* à cette opinion, qui nous pa-
» roît la plus probable. »

Ainsi voilà donc là une explication de la formation des
Fibres, que M. Desfontaines trouve la plus probable, qu'il
adopte par conséquent; mais ce seroit aussi la mienne,
Suivant lui, nous serions donc encore d'accord sur ce
point très-important; mais il y a deux observations à faire
à ce sujet.

D'abord il est évident que c'est là précisément l'opinion
que j'ai cru démêler dans M. du Trochet, lorsqu'il parle
de l'accroissement en largeur des plantes, et qui paroît
être celle de Darwin; mais elle ne peut être la mienne,
attendu que je l'ai combattue, notamment dans mon hui-
tième Essai; et c'est justement par les expériences de Duhamel, citées plus haut, sur les Décortications, que j'ai démontré victorieusement, à ce que je crois, le peu de fon-
dement de cette opinion. C'est dans ce but seul que je les
ai réunies sur une planche que j'ai présentée à l'Académie,
pour appuyer le Mémoire que j'ai lu le 3 juin dernier.

Ensuite je ferai remarquer cette expression : *Il y revient*. Il sembleroit donc que j'aurois eu une autre opinion, mais que je l'aurois abandonnée pour celle-ci. Alors quelle seroit-elle donc ? N'est-ce pas celle que M. Desfontaines s'étoit formée en entendant seulement lire la première partie du Mémoire ? Il s'étoit figuré, à ce qu'il paroît, que, suivant moi, le Bourgeon produisoit toute la matière des Fibres qui le mettoient en communication avec la terre. Il est certain que si c'eût été réellement ma façon de voir, qu'en faisant partir les couches nouvelles, tant ligneuses que corticales, de la base du Bourgeon, je prétendois que celui-ci ne déterminoit pas seulement les Fibres qui le composoient, mais qu'il leur fournissoit toute leur substance pondérable ; il est certain, dis-je, que, dans cette supposition, la différence de couleur que prenoit cette couche sur un Arbre greffé, suivant qu'elle se trouvoit sur la Greffe ou sur le Sujet, devenoit, contre moi, un argument sans réplique.

Mais c'est une pure chimère, qui de chuchotemens en chuchotemens s'est propagée jusqu'à présent, et que l'on continue toujours de combattre victorieusement, derrière moi. Ce seroit donc à elle que dernièrement encore M. Desfontaines m'auroit engagé de renoncer ? Mais alors il croit donc que depuis que, suivant lui, j'étois revenu à l'opinion la plus *probable*, je l'aurois abandonnée pour reprendre ma première erreur : en un mot, que je serois un relaps.

Le fait est que je n'ai pas dévié un seul instant de la route que je me suis tracée il y a seize ans, en assignant le Bourgeon comme la seule source de l'accroissement des Végétaux. Il est vrai que je lui ai donné pour premier ali-

Là, après avoir dit que malgré la différence de couleur, les fibres qui provenoient d'une greffe d'Amandier sur un sujet Prunier, étoient manifestement d'une seule pièce et d'un seul jet (Duhamel l'avoit déjà constaté), je continuois ainsi : « Cela est ainsi, parce que ce Cam-
» bium n'est pas un aliment comparable à la matière,
» que l'on peut appeler première, sous un certain rapport,
» que puisent les Racines directement dans le sein de la
» terre. Car celle-ci est déjà élaborée, elle est, pour ainsi
» dire, *végétalisée* et *prunifiée*. C'est donc dans cet état
» que les Fibres la rencontrant sur leur passage, se l'ap-
» proprient. J'ai dit qu'elles se filoient ; ainsi pour suivre
» cette comparaison, un fil peut être successivement, sans
» discontinuer, de Chanvre, ensuite de Coton, suivant que
» l'on présentera ces matières au rouet. La force organi-
» satrice vient bien du Bourgeon ; mais elle est obligée
» d'employer la matière qui lui est présentée. »

Voilà donc la réponse que j'ai opposée à cette objection. Il semble qu'en bonne logique on ne pourroit reproduire l'une qu'après avoir détruit l'autre ; mais personne
ne s'en est encore mis en peine. Il en est de même de
toutes les autres objections publiées contre moi, directement ou indirectement. Il y a long-temps que je l'ai dit,
ce sont des troupes qu'on a détachées contre moi ; mais
non-seulement je les ai battues, mais je les ai tournées à
mon avantage. Ce sont des transfuges que j'ai fait passer
dans mon camp et qui sont maintenant les plus fermes
soutiens de ma doctrine.

Ainsi donc, sans faire attention à mes réponses, on n'a
pas discontinué de reproduire *derrière moi* les mêmes
objections ; de plus, on en a tiré le motif d'une accusation

grave en apparence, car on n'a cessé de *chuchoter* que, j'ai mieux aimé me livrer à la poursuite de vaines chimères que de publier les connoissances positives que j'ai recueillies dans un séjour de dix années sous les Tropiques. Mais jusqu'à présent aucun de ceux qui cultivent cette science, qui, depuis quarante années, est le but de mes travaux, n'a acquis le droit de me faire des reproches sur ce que j'ai publié, ou que je n'ai pas publié; car aucun d'eux n'en a favorisé la manifestation. Moi seul j'ai fait ce présent à la science, bon ou mauvais, aux dépens de l'aisance que j'avois recouvrée. Et j'ose le répéter ici : indépendamment de tout Système, je n'ai pas encore publié une page qui ne soit lestée par la manifestation d'une vérité nouvelle, et souvent de la plus haute importance. Mais, répétera-t-on, elles se trouvent disséminées dans des morceaux détachés qui souvent, m'a-t-on dit, *sont difficiles à comprendre, par la rapidité avec laquelle ils sont conçus et écrits.* Il est certain que par la suite des circonstances où je me suis trouvé, il m'est arrivé quelquefois de penser plutôt au fond qu'à la forme ; mais que, sans prévention, on parcourre les Mémoires que j'ai publiés et qui ont été imprimés textuellement tels que je les ai lus, on verra qu'à quelques incorrections près, ils sont aussi clairs que possibles, et que le Style et la Rédaction convenables sont venus me trouver toutes les fois que le sujet le comportoit. Mais on s'apercevra sur-tout qu'il n'est pas un d'entre eux qui ne se rattache à un plan plus vaste. Je l'ai tracé ce plan, lorsque, sur l'invitation de M. de Jussieu, je composai à sa place l'article BOTANIQUE du *Dictionnaire des Sciences Naturelles*, et je l'eusse exécuté, pour peu que j'eusse reçu d'encouragement. Là donc j'aurois trouvé le moyen d'en ployer tous les matériaux que j'ai recueillis, depuis les plantes que j'ai arrachées au climat meurtrier de Madagascar, jusqu'aux observations qu'une seule Feuille ou un simple Copeau m'ont procurées ; c'est-à-dire que si, d'un côté, j'eusse complété l'énumération méthodique des Plantes de mon voyage, j'aurois, de l'autre, réuni dans un seul corps d'ouvrage toutes mes idées physiologiques : on peut prendre l'idée de ce qu'il seroit dans la partie que j'ai publiée de mon Cours de Physiologie. C'est donc une nouvelle Théorie de la Végétation, que j'aurois établie, qui doit en résulter. Quoi ! toujours des Théories ! s'écriera-t-on, ce sont des applications qu'il nous faut. Hé bien, ceux qui voudront se donner la peine de visiter l'établissement qui m'est confié, la Pépinière du Roi au Roule, verront dans l'Espalier de Pêchers que j'ai plantés il y a sept ans, l'avantage que j'ai retiré en le dirigeant par des principes qui découlent de ma Théorie, plutôt que par ceux qui sont prescrits depuis longtemps par un petit nombre d'écrivains originaux en Agronomie, et répétés par leurs nombreux compilateurs.

Quant à ma Théorie, c'est un Arbre aussi ; je l'ai planté il y a seize ans, et il s'est tellement élancé, que ses branches ne sont plus à la portée des agressions, et personne encore ne peut se vanter, à juste titre, d'en avoir arraché une seule feuille.

> Altior ac penitùs terræ defigitur arbor,
> Æsculus imprimis : quæ quantum vertice ad auras
> Æthereas, tantum radice in Tartara tendit.
> Ergo non hyemes illam, non flabra, neque imbres
> Convellunt : immota manet ; multosque nepotes
> Multa virûm volvens durando sæcula vincit.

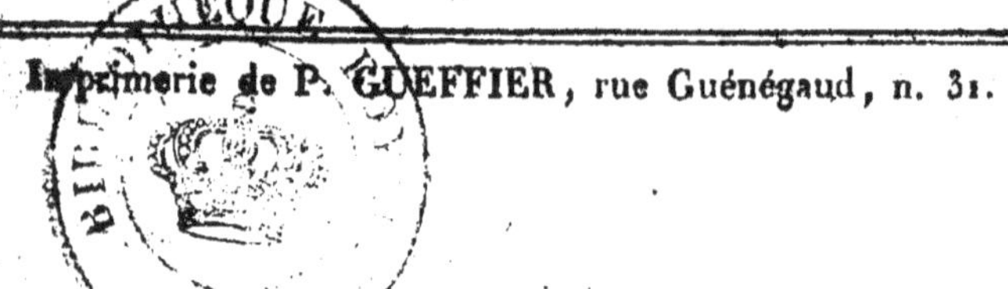

Imprimerie de P. GUEFFIER, rue Guénégaud, n. 31.